中国地质调查成果 CGS 2018–063
中国地质调查局地学科普图书
中国地质调查"DD20160159"项目资助

神秘的羌塘高原

主 编：王 剑 付修根 谭富文

U0336991

科学出版社

北京

内 容 简 介

  本书是中国地质调查局及相关单位的地质学家在羌塘高原多年从事地质研究的科普性图谱集锦，内容分为三篇。第一篇为从特提斯海到羌塘高原，讲述羌塘高原和羌塘盆地的"前世今生"，并对羌塘高原的自然环境、动植物特征和人文地理进行图文简介；第二篇为羌塘高原地学科普，介绍羌塘高原独具特色的自然景观，同时阐述与这些自然景观相关联的地学科普知识，并进行适当的科普延伸；第三篇为地质人的青藏精神，讲述羌塘高原地质人用青春谱写"艰苦奋斗、刻苦钻研、团结协作、无私奉献"的"青藏精神"。

  本书可供大众阅读，尤其是适合地学爱好者、摄影爱好者阅读欣赏。

审图号：GS（2018）5618 号

图书在版编目（CIP）数据

神秘的羌塘高原 / 王剑，付修根，谭富文主编. —北京：科学出版社，2018.12

  ISBN 978-7-03-060082-0

  Ⅰ.①神⋯ Ⅱ.①王⋯ ②付⋯ ③谭⋯ Ⅲ.①羌塘高原 – 图谱 Ⅳ.① P942.750.74-64

中国版本图书馆 CIP 数据核字（2018）第 278303 号

责任编辑：罗　莉 / 责任校对：彭　映
责任印制：罗　科 / 封面设计：蓝创视界

科 学 出 版 社 出版
北京东黄城根北街 16 号
邮政编码：100717
http://www.sciencep.com

四川煤田地质制图印刷厂 印刷
科学出版社发行　各地新华书店经销

*

2018 年 12 月第 一 版　开本：720×1000　1/16
2018 年 12 月第一次印刷　印张：6 1/4
字数：121 000
定价：78.00 元
（如有印装质量问题，我社负责调换）

| 编辑委员会 |

主　　编：	王　剑	付修根	谭富文

编　　委：	王　东	戴　婕	冯兴雷	陈文彬	任　静	马　龙	杜佰伟
	孙　伟	宋春彦	曾胜强	万友利	卫红伟	彭清华	占王忠
	陈　明	李忠雄	万　方	谢尚克	申华梁		

策　　划：	王　东	任　静					
摄　　影：	王　东	王　剑	耿全如	杨哲超	刘　洪	杜佰伟	陈文彬
	孙　伟	冯兴雷	沈利军				
插　　图：	杨金山	宋春彦	王忠伟	李学仁			
平面设计：	高竹军	王　东					
诗词创作：	王　剑						

资助项目

羌塘盆地金星湖－隆鄂尼地区油气资源战略调查（编号：DD20160159）

技术支持

中国地质调查局

中国地质调查局成都地质调查中心

P|序言|
Preface

　　神湖天接水，圣岭地干云。野旷苍穹矮，乾坤草上分。这就是广袤、神奇而震撼灵魂的青藏高原。

　　在青藏高原北部，有一片荒茫大地，她就是被藏族同胞称之为"羌塘"的藏北高原——羌塘高原。

　　羌塘高原自然环境十分恶劣，高寒缺氧，终年积雪，人迹罕至。尽管这里被人们称为"生命禁区"，但她却哺育着藏羚羊、藏原羚、野牦牛、藏野驴、棕熊、棕尾红雉、斑头雁、秃鹫、金雕、旱獭等几十种野生动物，其中不乏珍稀种类；同时，这里还蕴藏着有待我们去探索发现的丰富的石油天然气资源。

　　大约在2亿年以前，几乎与电影《侏罗纪公园》里的恐龙是同一个时代，那时，羌塘高原还是一片烟波浩淼的海洋。奥地利地质学家爱德华·休斯，给这一片与现代地中海相连的古海洋，起了一个颇具传奇色彩的名字——特提斯！

Preface

这个名字源于古希腊神话，她是河海之神的妻子的名字。

当时的特提斯海，北滨毗邻巍峨的喀喇昆仑山脉，向南则是波澜壮阔的"班公湖－怒江"大洋，西接地中海，东南至西南三江及东南亚，与中国南海相连。

大约过了 1 亿年，神奇的地壳运动，使得特提斯海逐渐变浅、干涸。沧海桑田，昔日的海洋逐渐隆升为陆地，羌塘遍地山洪，河湖漫衍，水泽汀沼。又过了 4500 万年，印度大陆漂洋过海，悄无声息地靠近了西藏，持续而巨大的碰撞挤压，使青藏地区逐渐抬升为高原，形成了今天的世界屋脊。

从此，那个神话般的特提斯海消失了，可是，在她隆起成山的过程中，也蕴藏了丰富的石油天然气资源。地质学家把藏北高原曾经存在的那个特提斯海，称之为"羌塘盆地"。我们的故事，就从羌塘盆地开始……

王　剑

Contents
目录

18

第二篇　　羌塘高原地学科普

第一篇

神秘的羌塘高原 | The Fantastic Qiangtang Plateau

从特提斯海到羌塘高原

📖 | 消失的特提斯海

120 多年前，由奥地利地质学家爱德华·休斯借用古希腊神话河海之神的妻子的名字命名的特提斯海，是一个横亘在欧亚大陆与非洲－印度大陆之间的海洋。现今的地中海，是特提斯海消失以后残留的"冰山一角"。

大约在距今 2 亿年到 1 亿年之间，特提斯海大致沿今天的地中海－喜马拉雅一线分布。在青藏高原北部，特提斯海北邻喀喇昆仑山脉，南接"班公湖－怒江"大洋，西接地中海，东南至西南三江及东南亚，与中国南海相连。

▼ 2 亿年前，地球上的大陆被特提斯海分隔为劳亚大陆和冈瓦纳大陆 #

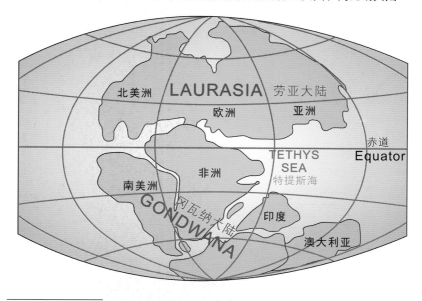

#表示图片引自网络，后文相同（此图引自中科院地质地球所微信公众号）。

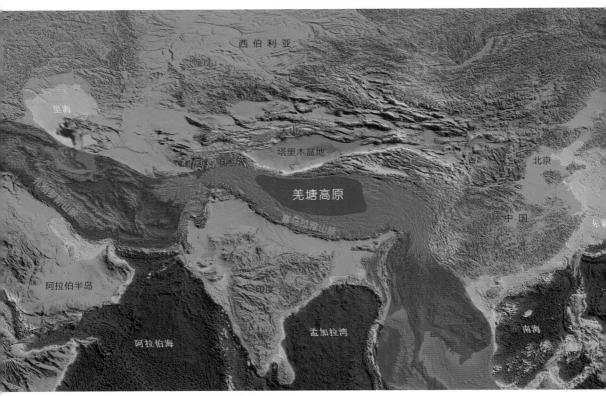

▲曾经的特提斯海（红色条带部分），大部分已变成崇山峻岭（供图／宋春彦、王东）

　　大约从距今 1 亿年左右开始，地壳抬升运动和印度板块的挤压运动，使得特提斯海逐渐变浅、干涸。大约在距今 5500 万年前后，除残留的地中海以外，巨大的特提斯海洋逐渐消失，并隆升为横亘在欧亚大陆与非洲－印度大陆之间的阿尔卑斯—扎格罗斯—喜马拉雅山脉。

　　特提斯海在隆起成山的演化过程中，聚集和埋藏了丰富的石油天然气资源与其他矿产资源。我国地质学家，把藏北羌塘高原曾经存在的那个特提斯海，称之为羌塘盆地。

◎ 地学科普延伸 >>>

世界最高峰——珠穆朗玛峰

珠穆朗玛峰是喜马拉雅山脉的主峰，位于中国和尼泊尔的边境线上，它的北部在中国定日县境内，南部在尼泊尔境内，而顶峰位于中国境内，是世界最高峰。按照国家测绘局（2005年）测量的高度，珠穆朗玛峰顶峰岩面高度8844.43米，而尼泊尔则采用传统的雪盖高度8848.13米。

珠穆朗玛峰山体呈巨型的金字塔状，巍峨雄壮、气势磅礴，在它周围20公里范围内，群峰林立、山峦叠嶂，仅海拔超过7000米的山峰就有40多座。大约从6500万年前开始，由于印度板块和欧亚板块碰撞、挤压的持续进行，喜马拉雅山地区开始隆起，青藏高原开始形成。据测算，青藏高原平均每万年升高20～30米，到1300万年前，高度达到顶峰的珠穆朗玛峰由于自身重量太大等多种原因，开始发生坍塌，并与地壳上升逐渐走向平衡，最终形成的高度与最终形成平衡的时间有关。由于印度板块和欧亚板块的碰撞、挤压持续进行，直至如今，喜马拉雅山区仍在不断上升之中，每100年大约上升7厘米。

▼ 暮色下的珠穆朗玛峰（供图／任静）

神奇的羌塘高原

盆地简介

羌塘盆地，现今的羌塘高原，就是那个1亿年前消失的特提斯海。

她位于冈底斯－念青唐古拉山脉以北，昆仑山脉以南。面积约22万平方公里。这里平均海拔4800米以上。恶劣的自然条件，成就了它独特的高原风光。稀疏的牧草、贫瘠的荒漠，哺育了特有的珍稀野生动物群落；星罗棋布的湛蓝湖泊，洁白如玉的皑皑冰川，装点着这片神奇的大地；蕴藏于地底深处的自然资源与地球科学秘密，吸引了无数的地质人在这里抛洒汗水、奉献青春。长久以来，这里都是自然科学工作者、旅游者、摄影爱好者、探险者们所向往的地方。

地理位置

羌塘盆地位于西藏自治区北部和青海省西南部，行政上主要属于西藏自治区的那曲市和阿里地区管辖。盆地内唯一的县级城市为那曲市双湖县，地理位置上与羌塘国家自然保护区部分面积重叠。

▲羌塘盆地位置图

▲寸草不生——这是见到羌塘高原的第一感受（供图/王剑）

地形地貌特征

羌塘高原平均海拔 4800 米，地势呈西北高、东南低，主要由低山缓丘与湖盆宽谷组成，起伏和缓，相对高差一般 200 ~ 500 米，是青藏高原内海拔最高、高原形态最典型的地域。

因气候干燥，除盆地四周大山脉发育较大规模冰川外，盆地内少数海拔 6000 米以上高峰（如阿木岗日、木嘎岗日等）仅有小规模大陆性冰川。但寒冻风化与冻融活动等形成的冰缘地貌普遍，冻土面积亦广，为北半球中低纬度地带多年冻土最为发育地区。如藏色岗日、布若岗日发育了许多较大的冰帽形冰川，普若岗日则发育了中低纬度地区最大的冰缘。盆地内留存着距今 6500 万年火山活动遗迹，如火山锥、桌状山及熔岩台地，形状各异。盆地南部受水的溶蚀作用被"雕琢"成了令人叹为观止的溶洞、天生桥、石芽、孤峰等喀斯特景观，或壮观，或雄伟，或可爱，或奇特。

气候特点

高海拔与四周高山重围的内陆环境使羌塘高原成为同纬度寒冷干旱的独特区域。这里气候寒冷而干燥，气温年日变化大，年平均气温多在0℃以下，1964年1月3日班戈县气象站测得－42.9℃的最低温纪录。高原年均降水量50～300毫米，其中80%以上降水量集中于6～9月，干湿季分明，雨季多为雪、霰、雹等固态降水形式[1]。

▲远处乌云压顶（供图／沈利军）

▼羌塘高原的雨雪天（供图／王剑）

羌塘草原是有名的风窝窝，高原风力强劲，频度高，黑（河）－阿（里）公路沿线的大风带，每年大于17米/秒的大风日数有200余天。难怪高原人经常调侃羌塘的风大：一年一场风，从春刮到冬。时常，狂风还夹着冰雪，仿佛天地融为一体，大有末日来临之伤感。

[1] 引自百度百科。

喜怒无常的暴风雪

暴风雪是羌塘高原当之无愧的主人公，一年四季无时不在，它可以在短时间内让局部地区变成一片白雪茫茫。（供图／王东）

忆秦娥·羌塘风雪夜

寒风叫，羌塘夜半雪风暴。
雪风暴，乾坤颠倒，河山呼啸。
高原缺氧头欲爆，棉衾不暖晨难到。
晨难到，醒来却是，绒芯冰套。

（供图／王剑）

水文特征

　　星罗棋布的湖泊，不仅滋润着羌塘高原，它们也是羌塘最美丽的一道风景线。羌塘湖泊的面积占中国湖泊总面积的四分之一，是世界上湖泊数量最多、湖面海拔最高的高原湖区。羌塘高原是世界上海拔最高的内流区，流域集水面积小，大部分地区地表径流匮乏，多为季节性河流。羌塘高原地下水主要来自大气降水，并受高原持续隆升、断层活动、地热、地震等因素影响。泉水分为淡水、微咸水和咸水，其中以矿化度低的淡水和微咸水为主。

▲河流解冻（供图/刘洪）

▼鳄鱼山下岗塘错（供图/王剑）

▲ "格桑花"（供图／陈文彬）

▲ "格桑花"（供图／陈文彬）

珍稀动植物的天堂

植物特征

　　青藏高原高寒植被区划分为
四个植被带，即高寒荒漠带、高
寒草原带、高寒灌丛草甸带和山
地寒温性针叶林带。而羌塘高原
以高寒荒漠带植被为主，其次为
高寒草原带植被。生长在羌塘高
原上的植物种类较少，高等植物
约有 400 种。由紫花针茅为主组
成的高寒草原植被是羌塘高原上
分布最广的地带性植被。随着寒
旱化的增强，青藏苔草在羌塘北
部有较大的比重，而高寒草甸在
羌塘高原呈斑状局限分布于高山
阴坡[1]。

――――――――
　　[1] 引自百度百科。

▼ 羌塘美丽的"花海"（供图／刘洪）

▼ 羌塘雪莲（供图／刘洪）

▲羌塘美丽的野花（供图／王东、陈文彬）

顽强的生命力

　　8月，羌塘高原真正的春天来临，万物复苏，各种野花争相开放，平坦的旷野上，小草随风舞动，那是顽强的生命在沐浴着阳光，享受着生命的喜悦。

（供图／王东）

爬地松

爬地松是雪域羌塘无人区唯一的灌木植物，高度仅几厘米，但整株呈半平方米的圆盘状，叶似小花，淡红，根系十分发达且十分粗壮，根的直径可达 10～20 厘米。

天寒莫道君无伴，我是君旁常伴松。

▲爬地松（供图 / 王剑）

动物特征

　　除了植物，青藏高原特有动物种比例也大，且种群数量大。哺乳动物有 29 种，其中 11 种为青藏高原特有，鸟类 53 种，爬行类 1 种，鱼类 6 种。辽阔的羌塘高原是野牦牛、藏野驴、藏羚羊与藏原羚等珍稀野生动物的栖息场所。在淡水与咸水湖区域可见赤麻鸭、斑头雁、棕头鸥、黑颈鹤等鸟类及裸裂尻鱼、裸鲤、高原鱼等高原特有鱼类。这里的特有生物种类不但是中国的珍稀动植物，而且为世界所瞩目，在学术上和自然保护上均十分重要[1]。

▶鹰（供图 / 刘洪）

◀猞猁（供图 / 王忠伟）

[1] 引自百度百科

▶黑颈鹤（供图/刘洪）

▼狼（供图/杜佰伟）

五彩的动物乐园

藏羚羊：栖息于海拔 3700 ～ 5500 米的高山草原、草甸和高寒荒漠地带，早晚觅食，善奔跑，可结成上万只的大群。夏季雌性沿固定路线向北迁徙。由于常年处于低于零摄氏度的环境，通体厚密绒毛，为国家一级保护动物。（供图 / 刘洪）

野牦牛：是藏北无人区三大动物"家族"（另外两种为藏羚羊和藏野驴）中体格最大的一种，成年野牦牛重达千斤以上，通常是家牦牛的 2-3 倍。常居于雪山附近，具有极强的耐寒性，毛色多为黑褐色或淡墨色。性情凶猛，桀骜不驯，粗大的牛角是不可抵挡的锐利武器，在无人区几乎没有天敌。（供图 / 王剑）

藏野驴：外形似骡，栖居于海拔 3600 ～ 5400 米的地带，群居生活，对寒冷、日晒和风雪均具有极强的耐受力，多由 5、6 头组成小群，最大群体可达上百头。擅长奔跑，警惕性高。是一种喜欢吃茅草、苔草和蒿类的大型草食动物。（供图 / 刘洪）

丰富的藏地文化

赛马节：藏族人民通过赛马会娱乐身心，欢庆丰收，显示年轻人的勇敢与剽悍，同时祭祀大地神和雪山神。其中以当雄和那曲两地的赛马节最为热闹，历史也最为悠久。一年一度的那曲羌塘恰青赛马艺术节，就是这个游牧民族最大型的节日之一。（供图／刘洪）

酥油茶：藏族的特色饮料。多作为主食与糌粑一起食用，有御寒、提神醒脑、生津止渴的作用。先将适量酥油放入特制的桶中，佐以食盐，再注入熬煮的浓茶汁，用木柄反复捣拌，使酥油与茶汁融为一体，呈乳状即成。（供图／任静）

经幡：西藏经幡的形式多样，在藏北地区，通常将蓝白红绿黄五色方块布一块紧接一块地缝在长绳上，悬挂于人烟稀少的高山顶上或两个山头之间，也可以悬挂在有特殊含义的地方。经幡的各种颜色和顺序都是固定的，不能随便改变，不能有任何差错。因为经幡的意义不是为了美化环境，而是祈求福运隆昌，消灾灭殃。（供图／杜佰伟）

◎地学科普延伸 >>>

羌塘国家级自然保护区

羌塘国家级自然保护区位于西藏自治区北部，总面积为 24.712 万平方公里（2000 年）。主要保护对象为保存完整的、独特的高寒生态系统及多种大型有蹄类动物。羌塘自然保护区是羌塘高原荒漠生态系统的代表地区，这里不仅有星罗棋布的湖泊，空旷无边的草场以及皑皑的雪山和冰川，而且有众多的濒危野生动植物。

羌塘自然保护区于 1993 年经西藏自治区人民政府批准成立，2000 年 4 月 4 日经国务院批准设立为国家级自然保护区，它是中国第二大自然保护区，是仅次于格陵兰国家公园的世界第二大陆地自然保护区，也是平均海拔最高的自然保护区。

目前，在羌塘高原开展的科学研究和地质调查，主要集中在保护区以外，部分关键性科学研究工作在缓冲区及试验区内进行。

← 核心区

← 缓冲区和实验区

噶尔

改则

双湖

措勤　尼玛

安多

那曲

西藏自治区

昌都

拉萨

日喀则

林芝

▼▲ 羌塘国家级自然保护区范围

第二篇

神秘的羌塘高原 | The Fantastic Qiangtang Plateau

羌塘高原地学科普

▲纯净的扎日南木错（供图／耿全如）

璀璨的明珠——羌塘湖泊

　　错，藏语意为"湖泊"。羌塘高原内湖泊总数超过 800 个，星罗棋布，是著名的高海拔湖群区。其中色林错、扎日南木错面积均超过 1000 平方公里。色林错是西藏第一大湖泊及中国第二大咸水湖。

　　在羌塘高原这个人烟稀少、寸草难生的地方，最惬意的事情莫过于欣赏一"错"再"错"的美丽。湖色斑斓多彩，湖面波光粼粼，站在湖边，整个灵魂都仿佛被纯净的湖水所洗涤。

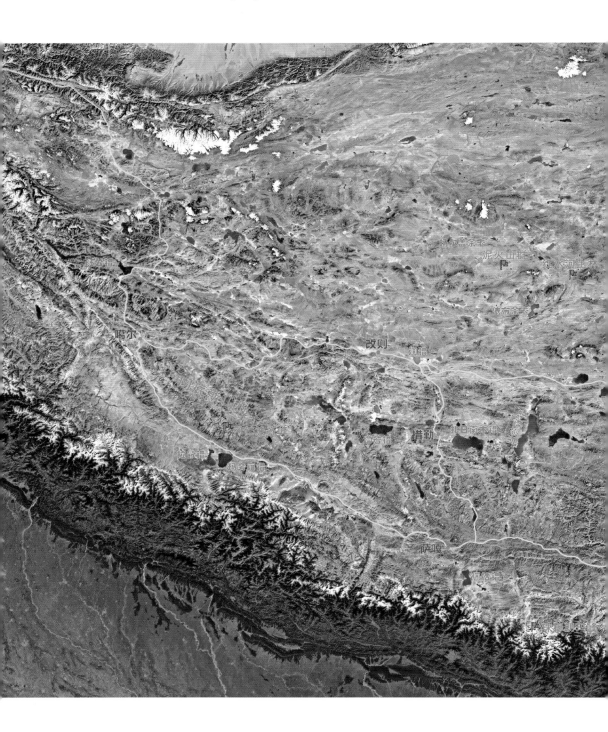

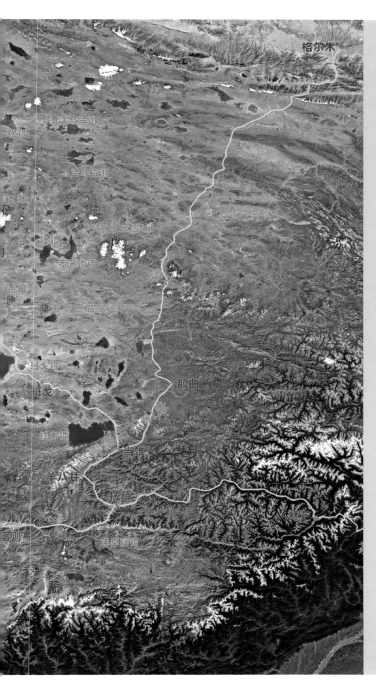

羌塘高原的湖水基本不能饮用和灌溉。这是因为受地理位置和气候影响，高原湖泊的蒸发量很大，湖水逐渐矿化形成咸水湖或盐湖（藏语称为茶卡），比较著名的依布茶卡和玛尔盖茶卡，面积分别为 100 平方公里和 76 平方公里，盐湖里蕴藏着丰富的食盐和化工材料。

◀青藏高原地区卫星图

（供图／王东、宋春彦）

高原湖泊的成因

羌塘湖泊多成因于青藏高原抬升、地壳剧烈活动结果，往往受到构造地质作用中的断裂作用控制。由断层陷落形成的湖盆积水进而形成的湖泊又被称作"断陷湖"，它的特征是湖泊平面形态比较简单，湖体多呈长形或狭长形，并受纵向、横向、斜向等不同构造带的控制，湖岸线较平直，岸坡陡直，深度较大，分布有一定规律性。

色林错

蓝宝石般的色林错，令人心旷神怡。它是青藏高原形成过程中产生的一个构造湖。（供图／王东）

▲群山围绕的恰岗错——形态特征受羌塘盆地中部断裂构造控制。(供图/王东)

堂春·半岛湖

雪浮冰，蓝天碧水，湖中半岛西斜。
笔难描，冷色暮景烟霞。
史风平浪静，又是慢慢飞花。
狂风顿起，布帐难支，何处为家。
来识得真假，叹飘雪荏苒，多少年华。
古作舟泛海，大浪淘沙。
有英雄成败，亦不足，妄自贬嘉。
莫叹人易老，唯有离愁，散落天涯。
（供图/王剑）

◎地学科普延伸 >>>

西藏著名的三大圣湖

圣洁的纳木错

念青唐古拉峰，扎西岛，纳木错清澈的湖水，组成了一幅天然画卷，多少人为之倾慕。（供图／王剑）

　　纳木错、羊卓雍错和玛旁雍错并称西藏三大圣湖。"纳木错"为藏语"天湖"之意，是西藏"三大圣湖"中最大的湖泊。纳木错面积约1920平方公里，是西藏第二大湖泊，也是中国第三大咸水湖（仅次于青海湖和色林错）。新近纪末和第四纪初，因喜马拉雅运动凹陷而形成的纳木错，属于断陷构造湖，并具冰川作用的痕迹。纳木错南面有终年积雪的念青唐古拉山，北侧和西侧有高原丘陵和广阔的湖滨，整个区域形成了一个封闭性较好的内流区域。

羊卓雍错

藏语意为"天鹅湖"，低浓度咸水湖，是天鹅、鱼鹰、斑头鹊等鸟类的重要栖息地。（供图／王东）

玛旁雍错

藏语意为"永恒不败的碧玉湖"，是世界上多个宗教认定的圣湖（也称"神湖"），也是亚洲乃至整个世界最负盛名的湖泊之一。（供图／耿全如）

西藏神山——冈仁波齐

　　冈仁波齐是冈底斯山的主峰，位于西藏阿里普兰县圣湖玛旁雍错以北，藏语冈仁波齐是雪山之宝的意思。冈底斯山亦是阿里的四大神水之源，这四大神水是：北坡流出的狮泉河，今印度河的河源；南坡流出的象泉河，亦为印度河河源；东坡流出的马泉河，即雅鲁藏布江的源头；而南坡流出的孔雀泉河，则是恒河的上源。冈仁波齐峰山体的上部，由古近系-新近系砂岩和砾岩组成，岩层平缓，远远望去就像是一座雄伟的宝塔，每年都会有无数来自不同地方的信徒来神山朝圣，"转山"则是朝圣者最常采用的方式。(供图 / 耿全如)

📃 地学知识链接

与构造地质作用相关的断层、断陷湖

📷 断层

构造地质作用中的断层是一种面状构造，断层面是一个将岩块或岩层断开成两部分并借以滑动的破裂面，断层面两侧沿其发生位移的岩块或岩层谓之断盘，如果断层面是倾斜的，位于断层面上侧的一盘为上盘，位于下侧的一盘为下盘。正断层是断层上盘相对下盘沿断层面向下滑动的断层（A）；逆断层是断层上盘相对下盘沿断层面向上滑动的断层（B）；平移断层是断层两盘顺断层面走向相对位移的断层（C）。

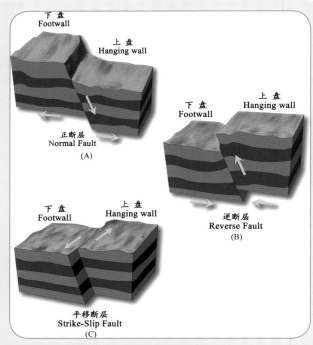

▲断层形成示意图（绘图/杨金山）

📷 断陷湖

"断陷湖"是因为断层陷落而形成湖盆积水，后期由于积水面积扩大进而形成的一种构造湖。右图是典型的沉积模式图，图中红线表示断层，蓝色部分表示下陷形成的湖泊，水下扇形部分表示沿湖边斜坡塌陷或冲积形成的堆积物。

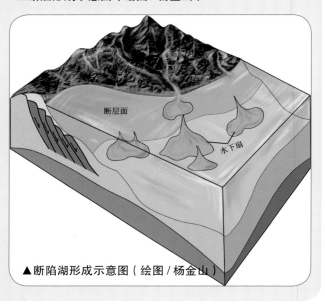

▲断陷湖形成示意图（绘图/杨金山）

蓝色的丝带——羌塘河流

　　江河，在藏语中大多发音为"藏布"。羌塘高原是世界上海拔最高的内流区，流域集水面积小，大部分地区地表径流匮乏，河网稀疏，且多季节性河流，并均流入湖泊或消失在干涸的湖盆中，在夏季的流量均不超过 60 立方米/秒[1]。故盆地内地表径流少，淡水资源匮乏，一些靠泉水补给的小溪为过往旅客与牧民的重要饮用水源，但在严寒的冬季经常冻结成冰，宛若冰川，为当地特殊景观之一。

　　羌塘高原河流的特点是大河流少，小河流多；常流河少，季节性河流多；南部河流大，北部河流小；四周河流大，内部河流小。较大的常流河多集中在降水稍多，冰雪融水补给较丰富的南部地区，如扎加藏布（注入色林错）、波仓藏布、措勤藏布等。另外，羌塘高原东部著名的雪山格拉丹东，就是长江源头沱沱河的发源地。

▲冰封前夕的扎加藏布 #

[1] 引自百度百科。

冰封期的羌塘河流

　　冬季来临，羌塘盆地一片萧条，所有草甸都黄了，河里的流水也逐渐干涸，形成厚度不等的冰层，这些冰层会伴随整个冬季，直到来年 6～7 月份才会完全消融。（供图／杜佰伟）

羌塘雪

银纱烁烁被山峦，素色羌塘谁熟谙。

不恨今生寒为雪，春来玉化润江南。

洪水期的扎加藏布

　　夏季来临，滚滚的洪水不断涌入扎加藏布，卷积着河岸的黄沙，为色林错的冷水鱼带来了新的生机。（供图 / 杜佰伟）

涓涓细流

　　潺潺溪流，带来了丰富的营养物质，滋润着羌塘高原每一片草地。（供图 / 杜佰伟）

📖 **地学知识链接**

什么是河流的沉积作用? 什么是沉积岩?

河流的沉积作用

顾名思义，河流沉积作用即是河流搬运某些物质过程中，由于水动力条件发生变化，物质被沉积、堆积过程的作用。河流沉积作用主要发生在流速明显降低的地方，比如河道由窄变宽的地段、支流与主流交汇处、河流入湖入海处；流量减少时，比如枯水期、河流被袭夺、干旱区河流遭受强烈蒸发。河流的沉积作用最终形成了河口三角洲、冲积平原、冲积扇、岛屿等地貌。

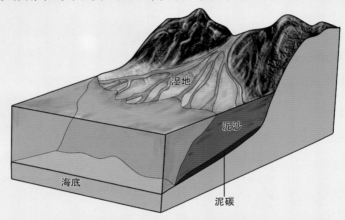

▲河流入海沉积作用示意图（绘图/杨金山）

沉积岩

沉积岩，又称为水成岩，是组成地球岩石圈的三大岩石之一（另外两种是岩浆岩和变质岩）。它是在地壳表层的条件下，由其他岩石的风化产物、火山物质、有机物质等沉积岩的原始物质成分，经过搬运作用、沉积作用以及沉积后作用而形成的一类岩石。在地球地表，有70%的岩石是沉积岩。沉积岩主要包括石灰岩、砂岩、页岩、膏盐岩等。

▲沉积岩中的砂岩（供图/王剑）

◎地学科普延伸 >>>

沉积学泰斗刘宝珺

刘宝珺，1931 生于天津，著名沉积地质学家，中国科学院院士。1956 年毕业于北京地质学院研究生班。曾多次获地矿部科技进步奖，1986 年被国家科委授予"国家级有突出贡献的中青年专家"称号，1989 年获中国地质学界最高荣誉奖"李四光地质科学奖"，1996 年在第三十届国际地质大会上荣获代表世界地质科学最高荣誉的"斯潘迪亚罗夫奖"，是 100 年来世界上获此殊荣的第 20 位地质学家，也是我国地质学家此奖的首获者。

刘宝珺院士致力于泥沙运动力学和沉积构造、岩相古地理和层控矿床学研究，将沉积成岩、岩相、构造的分析和物理化学热力学结合起来，提出"沉积期后分异作用与成矿作用"理论。提出了扬子地台陆缘寒武纪磷矿风暴岩沉积模式。主持了地矿部重点攻关项目"中国南方岩相古地理及沉积、层控矿床预测"，编制出一套中比例尺岩相古地理图。40 多年来，刘院士在中外刊物上发表论文 120 余篇，出版各类专著 20 部，其中代表性专著有《沉积岩石学》《岩相古地理基础及方法》《中国南方古大陆沉积地壳演化与成矿》和《中国南方岩相古地理图集》等。

刘宝珺院士野外现场教学（供图／吕旭红）

大自然的杰作——红水河土林

　　红水河位于西藏那曲市双湖县境内，距双湖西侧约100公里处，流向为自南东向北西。雨季时，流经红色砂砾岩层，河水呈红色，因此而得名。经历了岁月洗礼的红水河，风雨之神已把她雕琢成千姿百态。红水河土林长约2.5公里，高约4米，远看犹如一支鼓角齐鸣的军队，或整装待发，或坚守城池。奇特的土林景致、鬼斧神工的艺术品让人目不暇接、叹为观止。

红水河土林成因

　　流水侵蚀作用是红水河土林形成的主要原因。羌塘盆地雨季为每年6～9月，年降水量100～300毫米，以雪、霰、雹等固态降水形式为主。雨季时，红水河的河水湍急，不断冲刷和侵蚀河床一侧的冲积平原阶地，并形成垂直陡壁。短时急促的降水犹如一位巧手的工匠，细小的径流不断冲刷峭壁，通过常年的精雕细凿，最终将陡壁雕刻成现今的模样。

红水河土林奇观

整齐如一的排列，是守卫家园的将士？还是远征的兄弟？（供图／王东）

土林与冰层的约定

6月，红水河依然被巨厚冰层覆盖，随着天气逐渐变暖不断崩塌掉落，蔚为壮观。（供图／王东）

红水河的东侧为海拔6200余米的江爱达日那山峰，周围更是绵延的高海拔山脉；同时，其西南侧又被形成土林的第四系地层遮挡。因此，红水河的退冰期特别长，冬季河水封冻形成的冰层需要等到次年的6～7月份才能完全消融。

📃 地学知识链接

什么是流水侵蚀地质作用?

流水侵蚀地质作用

　　流水或河流的侵蚀作用是一种常见的地表地质作用，形成的主要原因有三种，即河水的机械冲击力、河水溶蚀作用以及流水所携带的砂泥和砾石的磨蚀作用。通常，河流的上游都从山区通过，这里水流湍急，河道断面较窄，河流的侵蚀作用主要导致河床下蚀，并形成V字形河谷（①）。河流的中游下蚀作用减弱，侧蚀作用加强，侧蚀的结果使河道呈现出迷人的弯曲状，称为河曲（②）。河流的下游通常位于平原，地势平缓，流速较慢，河谷横剖面成槽型（③）。在地球自转作

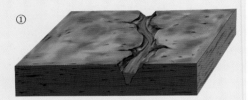
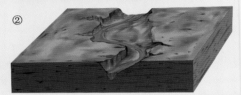

▲河谷的演化阶段（绘图／杨金山）

用的影响下，河道外侧的水流流速较快，形成强烈的侧蚀，在内侧发生沉积作用，久而久之，就会发生河道截弯取直，并形成"牛轭湖"。

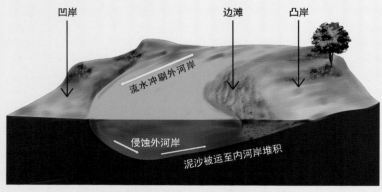

凹岸　　　　　　　　　　　边滩　　　凸岸

流水冲刷外河岸

侵蚀外河岸

泥沙被运至内河岸堆积

▲河流侵蚀作用示意图（绘图／杨金山）

◎**地学科普延伸** >>>

阿里札达土林与古格王朝

札达土林

札达土林位于中国西藏阿里地区札达县境内,海拔为3750～4450米,面积约888平方公里,是札达县最著名的地貌风光区。方圆2464平方公里是一片错落有致的黄色"森林",土林深处保留着古格王朝的遗址。札达土林是世界上最典型、分布面积最大的新近系地层风化形成的土林。据科学家考证,这里曾经是一个方圆500公里的大湖,受喜马拉雅造山运动影响,湖盆升高,湖底沉积的地层露出湖水面,长期受流水切割,并逐渐风化剥蚀,从而形成的特殊地貌。土林里的"树木"高低错落达数十米,千姿百态,别有情趣。(供图/王东)

消失的古格王朝

　　羊同，即象雄国，位于以阿里地区为中心的冈底斯西南、克什米尔至帕米尔高原一带。公元7～9世纪，象雄国沦为吐蕃王朝的附属国。公元10世纪吐蕃王朝解体以后，象雄国王将三城（茫城、象雄、扎不让）分别封给三子，这就是著名的"三衮占三围"。公元17世纪初，占领茫城（今克什米尔地区）的拉达克国王因其妹妹下嫁古格王时半路被拒，连续18年对古格国用兵，于1635年灭古格王国。（供图／耿全如）

满江红·过古格王朝遗址

　　日暮驱车，过札达、象泉盆地。河谷岸，神工鬼斧，土林奇立。一道斜阳萧瑟瑟，半山遗殿土窑第。却道是、古格旧都城，残垣壁。

　　羊同灭，吐蕃隶。三围衮，分社稷。拒红颜半路，相颠凄厉。七百年王朝去也，时迁物易遗陈迹。数千古、多少旧风流，难寻觅。（供图／王东）

🔬 | 高原的结晶——班戈错盐湖

据统计资料，羌塘盆地的盐湖有 218 个，占西藏盐湖总数的 93.16%，其中，班戈错是享誉世界的硼砂盐湖，位于羌塘高原南部。我国曾在此修建化工厂，生产的硼砂销往国内外。据资料记载，16 世纪，硼砂技术才从西藏传入欧洲。

班戈错由三个湖组成，一湖和三湖在雨季时湖表面有水，盐类仅见于岸边或湖底，为卤水湖；二湖全年湖表面均无水，盐类被风沙所覆盖，为沙下湖。1996 年后，二湖和三湖连为一体。班戈错赠予人类的礼物是芒硝和硼砂。它们是洗涤剂、造纸、纺织、染料、油墨、玻璃、瓷釉、人造宝石的重要原材料。

贺新郎·班戈错

挥手辞戈壁，越千里高原草地，野旷天低。远眺班戈色林接，半池彩翠绿碧，一片银镜连天倚。云飞风起黄昏夜，莫道是前方呼救急。车陷了，人也疲。

黑阿道上寒风冽，照羌塘半天残月，凄清如铁。马达声声尚未熄，试问何日归期？雪域高原苦寻觅，屋脊西天乌龙起。喜煞了吐蕃黎民裔。牛矢烹，从此绝。

（供图／王剑）

▲远远看去，盐堤就像是卧于湖中的巨龙 #

班戈错盐堤的成因

当湖泊水分的输入量（河流或降雨输入为主）远小于蒸发量时，湖里面的矿物质和盐类含量越来越高，最后形成了班戈错盐湖。高海拔、缺氧的地理环境，寒冷、干旱的气候特征，使得班戈错年平均降水量只有300毫米，而蒸发量却达2238.6毫米之多，整整是降水量的7.46倍！湖水经过亿万年蒸发浓缩，原本溶解于湖水的盐类便以晶体的形式析出并沉淀。湖岸边长长的"盐堤"见证着班戈错沧海桑田的变迁。

羌塘盆地的其他盐湖

我国西藏地区湖泊众多，绝大多数为咸水湖或盐湖。在羌塘地区较为著名的盐湖还有依布茶卡和玛尔盖茶卡，面积分别为 100 平方公里和 76 平方公里，pH 值分别为 8.2 和 8.6，矿化度分别为 96.8 克/升和 314 克/升，化学类型均属于硫酸钠亚型。然而，尽管羌塘盆地的盐湖蒸发作用如此强烈，但是羌塘高原除了班戈错之外，其他盐湖均未形成显著的盐堤。

▲阴天下的依布茶卡（供图/耿全如）

▼玛尔盖茶卡（供图/陈文彬）

过玛尔盖茶卡

暮至天涯尽，风微月色明。
寒冰封去路，大雪锁归程。
藏布湍流急，茶卡细浪轻。
羌塘今夜冷，三更向谁行。

📖 地学知识链接

与蒸发作用相关的矿物和岩石有哪些?

石膏

一般所称石膏可泛指生石膏和硬石膏两种矿物,其主要化学成分为硫酸钙($CaSO_4$)的水合物,天然石膏主要形成于高度炎热和干旱的气候条件,多呈现为纤维状或板状构造,是典型的化学沉积作用产物。石膏是一种用途广泛的工业材料和建筑材料,可用于水泥缓凝剂、石膏建筑制品、模型制品、食品添加剂、硫酸生产材料、纸张填料、油漆填料等。

▲ 天然石膏#

▲ 羌塘盆地地层中的板状石膏岩(供图 / 王剑)

膏盐岩

膏盐岩,又称为石膏岩,是一种常见的沉积岩类型。它是在高度浓缩的海水或湖水环境中形成的石膏经过一定的埋藏成岩作用演化而形成的一种岩石,常见的沉积环境为萨勃哈环境或潟湖的干旱蒸发环境。较纯的膏盐岩多为无色透明或白色,但地层中膏盐岩通常含有较多的其他矿物成分而呈现为灰白色-灰黑色。膏盐岩在各地质时代均有产出,以早白垩纪和古近—新近纪沉积型石膏最为常见。

▲察尔汗盐湖[#]

◎**地学科普延伸** >>

中国其他主要盐湖

通常，盐湖是湖泊发展到老年期的产物，蕴含盐类矿物有 200 余种，除贮存巨量的天然碱、硝、石盐和石膏等常见的盐类外，还蕴藏有硼、锂、溴、锶、钡、铷、铯、钍和铀等稀有资源。

盐湖主要形成于年平均降水量远小于年平均蒸发量的干旱地区。中国四大盐湖分别为青海的茶卡盐湖和察尔汗盐湖、山西的运城盐湖以及新疆的巴里坤盐湖。其中察尔汗盐湖是中国最大的盐湖，盐矿储量达 500 亿吨，足够世界人民食用 2000 年，而运城当地人民早在公元前 21 世纪就已利用盐湖的卤水晒盐了。

▲ 神秘的格拉丹东雪山（供图 / 杜佰伟）

雪白的面纱——格拉丹东雪山

　　长江的源头在哪里？从战国时期开始人们就已经在寻觅答案，直到 21 世纪还在探寻。目前比较统一的认识是长江有三个源头：南源为当曲，北源为楚玛尔河，西源为沱沱河。其中沱沱河源自格拉丹东雪山西南侧的冰川中。格拉丹东雪山，藏语为"高高尖尖之山峰"，是唐古拉山脉最高峰，位于羌塘盆地东部地区，格拉丹东雪山南北长 50 公里，东西宽 30 公里，海拔 6000 米以上的山峰有 40 多座，巍峨耸立，十分壮观，冰雪覆盖的面积达 790.4 平方公里，有冰川 130 条。格拉丹东雪山自然景色十分壮观，仿佛一个银装素裹的童话世界，尤其在阳光照射下折射出五彩斑斓的光柱纵横交错，让人目不暇接。尽管国内流行登山运动，但近 20 年的时间里很少有人来此，因为进入格拉丹东雪山的路实在太难了，被吸引到格拉丹东雪山的是自然保护者以及地质、冰川和生态考察人员。

盼春

七月羌塘春不归，
长蛇山下雪花飞。
东君鄙吝江南美，
恨不西天与翠微。

冬季的格拉丹东雪山

银雕玉砌，气象万千，白云劲舞雪域群峰之巅——这就是羌塘盆地最常见的美景。（供图／陈文彬）

永遇乐·今夜住长江源头

巍巍丹东，谁人敢觅，河通天处？玉洁冰山，雪原莽莽，静谧清寒路。融冰汩汩，沱沱源入，道是江隈水曲。踏一朵、白云脚下，今夜玉清宫宿。

尘飞沧海，中原舞彻，净土清风谁属？驰想经年，羌塘常伴、水尽源头驻。溪边晨漱，暮归简沐，百汇江南羹煮。问琼都、闲云野鹤，味尚可否？

（供图／申华梁）

格拉丹东冰塔林

　　格拉丹东雪山，其主峰海拔为 6621 米，在它东面的山脚下，有一个面积数百平方公里的冰塔群，被人们称为岗加巧巴（意为百雪圣灯）。这些冰塔形状各有不同，犹如精工细琢的水晶塔，耸立在山麓的边缘。塔身在阳光照耀下闪动着五颜六色的光柱，光影交错；风掠过塔顶传出悦耳的法铃声……如此迷人的冰雪景色真是别有天地。（图片引自网络）

三 江 源

　　长江，中国第一长河流；黄河，中国第二长河流；澜沧江，亚洲流经国家最多的河流。这三条河流的发源地就是大名鼎鼎的"三江源"。它位于我国青海省南部的唐古拉山脉主峰格拉丹东雪山附近流域，总面积为 30.25 万平方公里。这里山脉绵延、地势高耸、地形复杂，平均海拔 3500～4800 米。这里是我国乃至亚洲的重要水源地。长江总水量的 1/4，黄河总水量的 1/2 和澜沧江总水量的 1/7 都来自三江源地区，因此这里也被称为"中华水塔"。2000 年 7 月 22 日江泽民同志亲自题写了"三江源自然保护区"纪念碑碑名，是我国面积最大、海拔最高的自然保护区。2016 年 8 月 23 日，习近平总书记在青海省视察时指出："中华水塔"是国家的生命之源，保护好三江源，对中华民族发展至关重要。

▼ "三江源自然保护区"纪念碑 #

晶莹的眼泪——普若岗日冰川

　　羌塘盆地的中心部位矗立着一座闻名全世界的冰川——普若岗日冰川，位于那曲市双湖县东北部 90 公里。它是除南极冰川、北极冰川以外，世界第三大冰川。"普若"蒙语意为"银色的碗"，"岗日"藏语为"雪山"之意。晴朗之日，远眺冰川，宛如硕大的银碗倒扣在高原上，在蓝天的映衬下格外耀眼。普若岗日冰原面积达 422 平方公里，从冰原中心向四周山谷放射溢出 50 多条舌状冰川，冰塔林、冰桥、冰草、冰针、冰蘑菇、冰湖、冰钟乳等构成了一个千姿百态的冰的世界。然而令人更为惊奇的是，普若岗日冰川的外围极为罕见地分布着许多湖泊和沙漠，靠近冰川的湖泊不结冰，接近水源的沙漠却寸草不生。冰川、湖泊、沙漠和谐共处的地理现象在全世界也实属罕见，这为普若岗日冰川抹上一丝神秘的色彩。普若岗日冰川海拔高达 6800 米，最低海拔 5350 米，在海拔6000 米观测表明，10 月份平均气温为 −14.6℃，比同纬度的沱沱河低了很多，造就自身独特的寒冷小气候，不禁让人感叹大自然的神奇力量！

▼普若岗日冰川一角（供图／卫红伟）

普若岗日冰川

　　站在普若岗日冰川前，无人不为巨大的冰盖所惊叹！厚达数十米乃至百米的洁白的巨冰覆盖在山体上，在阳光下晶莹剔透，美不胜收。尤其是形态各异的冰塔，鳞次栉比的冰凌，巧夺天工的冰洞，置身其中，感受千百万年以来大自然鬼斧神工般造物的力量。(供图/卫红伟)

地学知识链接

什么是冰川？什么是冰川地质作用？

冰川

冰川，俗称"冰河"，是指由积雪形成并能够移动的冰体。可想而知，冰川只存在于极寒之地。除了南极和北极终年严寒的地方有冰川，只有高海拔地区才可能"养活"冰川。当海拔超过一定高度，温度就会降到 0℃ 以下，固态的降水（雪、霰、雹等）才常年存在，冰川才有形成的条件。

那么，有了高海拔，冰川就一定存在吗？答案是否定的。冰川的形成还要依靠山峰陡势。想象一下，如果山峰很陡峭，落在山顶的雪会顺势而下，陡直的山顶无论如何也不可能有积雪，更别提冰川了。

冰川的形成

积雪仅仅是形成冰川的"万里长征第一步"。雪花随着时间和外界条件变化成球状粒雪，粒雪之间的空隙，逐渐消失，最终形成厚实坚硬层状的冰川冰。同时冰川冰的颜色也会由乳白色变成蓝色。最后冰川冰在重力作用下，顺着坡面而下，覆盖在整个高山表面，当然这需要很长很长的时间。

新雪　粒雪　更致密的粒雪　冰川冰　冰川冰形成示意图

▲ 形成冰川的"原材料"变化图 #

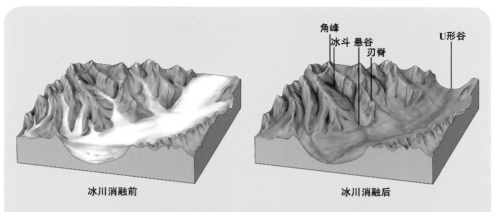

▲冰川地貌特征（绘图 / 杨金山）

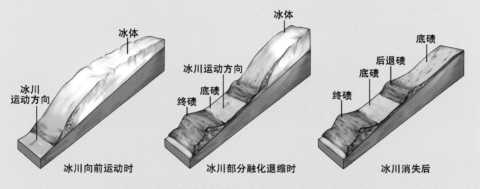

▲冰川地质作用模式（绘图 / 杨金山）

冰川地质作用

　　冰川地质作用，是冰川对陆地表面（极地和高山地区）的侵蚀、搬运和堆积过程，在极地、高纬度和高山寒冷地区占显著地位。由于地球的重力作用，冰川在达到一定厚度后，会克服冰川内部及其与岩床之间的摩擦力，产生滑动，从而对所经之处的岩石产生强烈的磨蚀，这便是冰川的侵蚀作用。侵蚀作用通常会在所在区域形成冰斗、角峰和 U 型谷等典型冰川地貌特征。由冰川的侵蚀作用所产生的大量松散岩屑和从山坡崩落的碎屑，也会进入冰川系统，随冰川一起运动，这便是搬运作用，这些被搬运的岩屑称为冰碛物。冰川携带的砂石，常常沿途被抛出，故在冰川消融以后，不同形式搬运的物质，堆积下来便形成相应的各种冰碛物形态，这种作用就是冰川的堆积作用。

◎**地学科普延伸** >>>

世界上著名的冰川

据统计，全球冰川面积 1600 多万平方公里，比中国陆地面积的 1.5 倍还多，主要分布在地球的两极和中、低纬度的高山区。冰川几乎覆盖整个南北极地区，称大陆冰川；中、低纬度高山区冰川称山岳冰川。地球上冰川面积 97%、冰量的 99% 分布在南极洲和格陵兰岛，其次为北美洲的加拿大北极区域诸岛和美国阿拉斯加地区，再次为亚洲的中国、俄罗斯、巴基斯坦－印度等地区。欧洲的冰川主要在挪威和冰岛。中国是中低纬度冰川发育最多的国家[1]。

———————————
[1] 引自《世界和中国的冰川分布及其水资源意义》，王宗太，2003 年

▼阿根廷莫雷诺冰川#

▼阿拉斯加 Margerie 冰川#

▼格陵兰岛冰川（供图/惠博）

▲▶羌塘盆地泥火山喷发形成的泥浆（供图/冯兴雷）

盆地深处的呼吸——泥火山

　　泥火山，就是指由泥沙构成的"火山"，泥火山外形与火山相似，内部结构也几乎相同。泥火山口下面有泥浆通道，通道下面有泥浆房。泥火山喷发的原理也跟火山相似，地下泥浆承受巨大压力，从地表岩层的薄弱处喷涌而出。小规模喷发时，只有气泡顶着泥浆缓缓涌出。剧烈喷发时，泥浆犹如沸腾一样，气泡翻滚、并喷洒出大量泥浆。尽管很多方面相似，但泥火山并非火山，它是自成一体的特殊地貌景观。

　　泥火山在羌塘盆地广泛分布，主要发育在羌塘盆地中部戈木日、唢呐湖、吐错一带，地点位于西藏自治区改则县、双湖县、尼玛县境内，共计140多座。在广袤的羌塘大地上像"仙女吹破的泡泡"，别有一番奇趣，就让我们走近这一道另类风景线，一探它们的神奇。

▲泥火山口形成的小湖泊（供图 / 冯兴雷）

羌塘盆地的泥火山直径从 20 米到 160 米不等，通常高出地面数米。世界最大的泥火山直径 10 公里、高 700 米，因此羌塘盆地的泥火山规模算中等。泥火山的形态分为锥状、盾状、盆状、碟状等，这与喷出物的含水量有关系。

喷发活动中的泥火山呈现为一处处泥泉、一口口泥潭，它们多呈圆形，个体大小不均，泉潭中的泥浆表面不时地"咕嘟咕嘟"冒泡，犹如沸腾的开水，可那滚滚翻腾的泥浆温度却很低，把手放进去感到冰凉，因而也有人把泥火山称为"凉火山"。翻滚的泥浆散发出带有臭味的沼气等气体。除了正在喷发的泥火山，其周围还有许多已经停止喷发的泥火山，它们呈盆状，往往会形成火山湖，表明在此之前已经有过很大规模的泥火山活动。

羌塘盆地泥火山的成因

公认的泥火山的成因有两种。一是泥火山的形成与地层压力有关，泥岩层富含流体，当承受地层高压时，流体寻隙而喷出，水、气、泥混合物便像岩浆一样喷涌而出。这类泥火山多出现在构造板块边缘挤压环境，这些地区通常蕴藏丰富的石油和天然气资源；另一成因的泥火山和火山活动有关，火山活动接近于停止或进入间歇期时，火山附近的温泉或埋藏较浅的淤泥，受到火山热能的影响，膨胀为泥浆类物质喷出地表而形成泥火山。

羌塘盆地的泥火山就属于第一种成因。羌塘盆地为青藏地区最大的含油气沉积盆地，高原隆升产生的挤压地质应力作用，产生了构造断裂，油气便沿断裂溢出，夹带出大量的地下水和岩土混合物，从而在地表形成了泥火山。

◀泥火山中天然气喷发时形成的气泡
——阿塞拜疆#

△羌塘盆地泥火山口开展地质调查（供图 / 冯兴雷）

庆金枝·泥火山

火山非火山。似星落、陨坑斑。大沙河岸两相垒，串成串，一环环。
愿君早日休眼醒，便从此，露新欢。泥沙不复吐烃烷。对天射，怒冲冠。
（供图／王东）

泥火山吐泡泡

当地质活动较为强烈的时候，地下的天然气或其他气体不断涌出地表，形成大小不一的气泡。（供图／王东）

◎地学科普延伸 >>

泥火山的利与害

2006年5月29日，印度尼西亚东爪哇岛诗都阿佐地区，一口油气钻井忽然喷出大量泥浆。随后，这座名叫鲁西的泥火山一直向外喷射泥浆，每天喷出的泥浆足以填满50个标准泳池，这些泥浆淹没了10平方公里的房屋、农田。泥火山这种巨大的破坏性，自此被人类所了解。

▲被泥火山喷涌的泥浆淹没的城镇 #

泥火山具有一定的破坏性，但也可为人类所利用。泥火山可能是天然气田喷出的产物，可做寻找油气田的地表征兆，例如我国的新疆独山子泥火山和我们羌塘盆地的泥火山。泥火山会把地层深处的矿物带到地表，而这些矿物质中，有些含有对人体有益的成分，所以某些泥火山可以开发泥浴，以供人类使用。

总之，泥火山一方面是地球上一种奇特的地质景观，是潜在油气田的指示标志，某些泥火山还有疗养健身之功效；另一方面泥火山还可能造成极大的破坏性，威胁人类的生产生活安全。所以我们需要努力认识泥火山的形成过程，使得像鲁西泥火山的悲剧不再重演，让泥火山为我们所用。

▼新疆独山子泥火山（供图/王东）

🔬 | 石枕头——羌塘火山岩

火山岩与火山的关系很紧密，羌塘盆地盛产火山岩，它们既有很高的科学研究价值，同时也具有一定的观赏性。

羌塘盆地北部地区的弯弯梁火山岩，位于西藏自治区那曲市双湖县北部的弯弯梁一带，出露面积约8平方公里。其颜色多变，有灰-深灰色、灰色、灰绿色、黄绿色、肉红色等。弯弯梁火山岩内部有枕状、柱状构造形态分布。在羌塘盆地中部隆起带的角木茶卡地区也发育了相似的枕状玄武岩。

在海里或者湖泊里，构造运动使地壳被拉开，形成一条大大的裂缝，熔融的岩浆会沿着裂缝向上运动，并落在海底或湖底，之后向上堆积。由于受到下部岩浆冷却而成的较硬的顶面影响，导致掉落的岩浆底部呈尖棱或者平底状，上部呈凸起的圆弧状。

经过地质历史的更迭，这些枕状的火山岩被上覆的沉积物压实、埋藏成岩，又在构造作用下抬升到地表，这样就形成了我们如今看到的一个个的"石枕头"。

▼弯弯梁火山岩（供图/宋春彦）

▲羌塘盆地角木茶卡枕状玄武岩，地层时代为二叠纪（供图／王东）

▶**大洋深处的枕状玄武岩**[#]

这是中国自主研
发的"蛟龙号"深海
载人潜水器所拍摄的
大洋深处的枕状玄武
岩，也就是说，在远
古地质时期，羌塘盆
地是一片汪洋大海，
无边无际。

🔲 地学知识链接

什么是火山岩？有什么特征？

火山岩

火山岩又称喷出岩，属于岩浆岩（火成岩）的一类，是岩浆经火山口喷出到地表后冷凝而成的岩石。分为狭义上的火山岩和广义上的火山岩。

狭义上的火山岩指火山熔岩，是一些低黏度、低挥发分的岩浆（如基性岩浆）以熔体形式溢流出火山口而形成。广义上的火山岩，除了熔岩外还包括火山碎屑岩。火山碎屑岩主要是一些高黏度、高挥发分含量的酸性岩浆，经由爆发式喷发至地表而形成的，往往混有一定数量的沉积物或熔岩物质。

火山熔岩往往具有明显的流动构造特征，容易识别，而一些远离火山口的火山碎屑岩常具有沉积构造特征，有时难以和普通的沉积岩区分开来。

▼新喷发的火山熔岩#

▶夏威夷火山地质公园中的火山岩#

火山岩的柱状节理特征

节理就是岩石上的裂缝，裂缝的位置由岩石受到的外力决定。火山岩柱状节理形成跟"冷却收缩"有关。熔岩喷出后，快速冷却过程中产生的张力使得火山岩呈规则或不规则柱状形态。柱状节理岩体通常呈四方、五方、六方棱柱体形态。

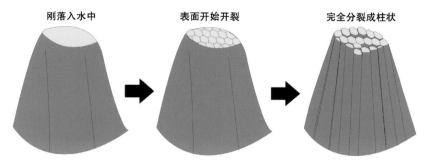

刚落入水中　　表面开始开裂　　完全分裂成柱状

▲火山岩柱状节理形成模式（供图／宋春彦）

◎地学科普延伸 >>

著名的牛头山古火山口

牛头山古火山口是漳州滨海火山国家地质公园的重要景区，古火山口形成于距今 2460 万年，拥有完美的盾状火山口，形状似一个朝天的椭圆形喇叭口，开口处顶端直径 50 米，底部深 3 米。在古火山口及周围，由岩浆形成的六方柱状节理玄武岩，以及流纹状、枕状玄武岩，呈奇特壮丽的景观，是国内罕见和世界保存最为完好的海底古火山口之一。

◀牛头山古火山口柱状节理火山岩

🔬 | 远古海洋的瑰宝——生物礁化石

侏罗纪时期，羌塘盆地还是一片汪洋，广泛发育着一种结构坚硬的盐类组织，这就是远古海洋的生物系统。其先以一个小组织为核心向四周不断生长，最后形成形态各异的生物礁。能形成生物礁的生物种类繁多，主要有珊瑚、有孔虫、海绵等。羌塘盆地广泛发育着侏罗纪时期的生物礁，以半岛湖地区生物礁化石为例，其礁体形成了一孤立小山头，厚度约20米，生物礁化石的核心组织是珊瑚礁灰岩，呈不规则的枝状。但是，那些出露于地表的生物礁化石由于湖水的长期浸泡，生物礁化石骨架表层已被溶蚀，形成大量孔洞。

生物礁化石的形成

生物礁化石实际是生物遗体骨架堆积，在漫长岁月中经历各种地质作用而逐渐形成的一种化石。最初是藻类、动物和植物用自己的根部把一块灰质堆积物固定，接着在上面大量繁殖，并且向外生长扩展。在此过程中，海水的深度、化学成分、温度等因素决定了造礁生物的生死、生物礁形态等。当礁生长接近海平面时，红藻繁盛，就暗示着礁开始走向衰亡了。生物礁往往经历多次"出生"到"死亡"的生命轮回才能形成如此让人叹为观止的"风景"。

▶ 半岛湖地区散落的生物礁化石（供图／孙伟）

美丽的生物礁

生物礁是有生命的，由活体生物礁转变为生物礁化石，是一个漫长而复杂的演变过程。通过生物礁化石的发现，我们可以想象到这里曾经是一片汪洋大海。

▼现代海洋中的活体生物礁 #

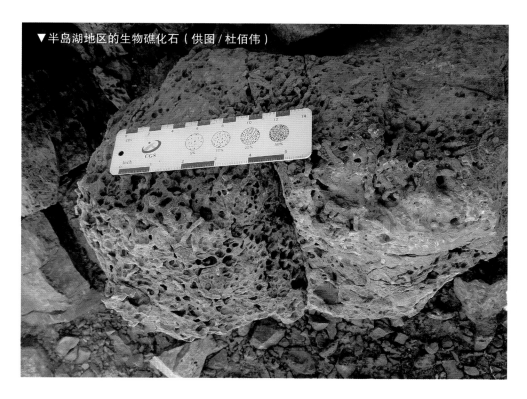

▼半岛湖地区的生物礁化石（供图／杜佰伟）

📖 **地学知识链接**

藏在生物礁里的油气秘密

　　生物礁，主要是由海洋中的生物骨架生长而形成，常见的造礁生物有珊瑚、有孔虫、海绵等。因为生物礁骨架之间的孔隙容易在生物礁化石形成的过程中保存下来，所以生物礁化石通常具有良好的储集性能，这也是多种矿产资源的有利富集场所，尤其是油气储集得天独厚的"天堂"。生物礁滩油气藏勘探在我国四川盆地、塔里木盆地和鄂尔多斯盆地等已成为油气勘探的重要领域，例如在四川盆地发现了普光气田，在柴达木盆地发现了跃进油田，等。在国外，墨西哥和中东等地区生物礁油气藏更是其储量和产量的主要来源。

▼地质人员在野外探索优质的生物礁储层[#]

▲澳大利亚大堡礁 #

◎地学科普延伸 >>

著名的澳大利亚现代生物礁——大堡礁

　　大堡礁绵亘于澳大利亚的东北部海岸，由 2900 个礁体组成，约 900 多个岛屿，是全世界最大的珊瑚礁。珊瑚礁是世上唯一一种生物性的地质构造单元，由珊瑚组成，而珊瑚是由珊瑚虫分泌出的碳酸钙外壳和遗骨形成。珊瑚虫死后其骨骼成为珊瑚基座，其上又会长出新的珊瑚，所以新一代的珊瑚虫总是在先辈的坟墓上建造自己的巢穴，并像金字塔一样一代一代向上增高，如此长期积累就形成珊瑚，并最终形成生物礁。大堡礁发育着 350 多种珊瑚，是一个极其古老、庞大的生命聚居体，它已经度过了 2500 万年的光阴，不计其数的珊瑚早已筑起了一座无与伦比的巨大"石墙"。

独一无二的大堡礁

大堡礁的美丽众所周知，见过的人都会惊叹自然界的神奇。然而，近半个世纪大堡礁的珊瑚发生了白化现象，以致死亡。珊瑚白化究竟是种什么"病"？这"病"又从何而来呢？研究结果显示，气候变化是珊瑚和生活在珊瑚礁附近的微小植物的致命杀手，持续的高温超过了依附于珊瑚的微小藻类的容受程度，藻类开始大批死亡，紧接着珊瑚发生白化，裸露出原本被掩藏的钙质骨架直至死亡。1981年，大堡礁被联合国教科文组织列入世界自然遗产名录，澳大利亚政府已经承诺开展计划对大堡礁33%的区域进行保护。（图片引自网络）

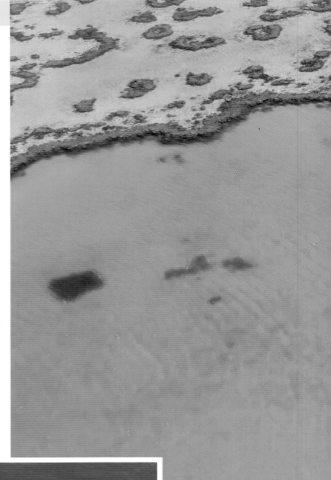

▶白化的珊瑚礁#

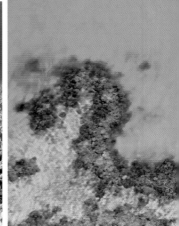

大自然的财富——古油藏

　　古油藏，指岩石中集中出现的沥青及其他油气显示，它表明此地曾有过油气储藏，但在地质历史演变过程中已完全被破坏或大部分被破坏。青藏油气团队在南羌塘盆地隆额尼 – 昂达尔错一带发现的古油藏，其长约 100 公里，宽约 20 公里，证实了羌塘盆地具有良好的油气勘探前景。研究表明，南羌塘盆地古油藏的赋存地层为中侏罗统布曲组白云岩，赋存空间主要为白云石矿物的晶间孔和晶间溶孔，白云岩也是目前世界上许多大型油气田的主要产出岩层。

　　白云岩是碳酸盐岩的主要岩石类型。碳酸盐岩是沉积岩中的化学岩及生物化学岩类中的一种。碳酸盐岩和碳酸盐沉积物从前寒武纪到现在均有产出，分布极广，约占沉积岩总量的 1/5 ~ 1/4。

▲南羌塘盆地古油藏的地表岩层（供图/孙伟）

📖 **地学知识链接**

石灰岩地区的溶蚀作用和地貌特征

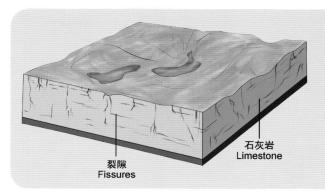

早期，地表流水沿着石灰岩地层中的构造裂缝进入岩层，由于地表流水对石灰岩具有较强的溶蚀作用，在流入岩层缝隙的同时对岩层进行不断溶蚀。

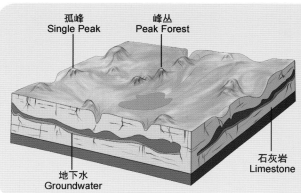

中期，地层裂缝或层间薄弱面被不断溶蚀扩大，并形成相应的溶洞、溶蚀漏斗、石林、石芽、落水河、地下暗河等典型地貌特征。

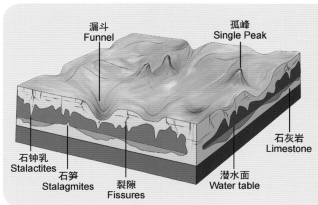

后期，溶洞、地下暗河等不断溶蚀扩大，从而形成天坑、大型溶洞等。甚至在重力作用下，部分不稳定的岩层发生垮塌。

▲石灰岩地区溶蚀地貌演化阶段（绘图/杨金山）

羌塘盆地的地下资源

羌塘盆地的地下究竟有没有我们梦寐以求的石油、天然气呢？如果有一条通往地下的路带我们去看看就好了，而科学钻井就是利用机械设备开通一条从地面通往地下的"路"。

借助钻井工程我们可以获得羌塘盆地地底下的很多秘密。比如，从羌塘盆地地下的岩石里，发现了大量的干沥青，我们就可以了解到，这个地方曾经有油气经过此地，或者就聚集此地，形成一个"油气之家"。羌塘盆地科学钻井工程中，我们发现了高含量的甲烷气体，让我们更加相信这里曾经有过天然气藏，但其规模还有待进一步证实。羌塘盆地的下面还埋着许多的秘密，正等着我们一一解开。

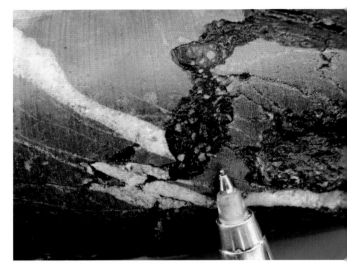

▲羌塘盆地钻井岩心中的干沥青（供图／杜佰伟）

▲中国北方某地已开发油田上的采油机 #

◎地学科普延伸 >>

中国古代对"石油"的认识

中国是世界上最早发现和利用石油的国家之一。《易经》记录了"泽中有火","上火下泽"的石油蒸汽起火现象;东汉的班固(公元32～92年)所著《汉书·地理志》中"高奴县有洧水可燃"是最早认识石油性能和记载产地的记录;北魏郦道元的《水经注》中"水上有肥,可接取用之",这里的"肥"就是指的石油;西晋《博物志》、南朝《后汉书·郡国志》、唐朝《酉阳杂俎》和《元和郡县志》、宋朝《老学庵笔记》分别记录了采集和利用石油的历史,包括用作润滑剂,照明用的"石漆"、"石脂水"和"石烛",军事用的"火油"等。宋朝科学家沈括在其著作《梦溪笔谈》中首次提到"石油"一词,并且预言"此物后必大行于世"。明朝《天工开物》总结了关于石油长期流传下来的各种知识,并传入日本与欧洲。如今的石油已经是"工业的血液",成为无可替代的生活和军事战略物资。

◎地学科普延伸 >>>

关于白云岩的油气田

目前，已查明全世界的白云岩油气田共计 137 个，以石油为主，部分产天然气和凝析气，其油当量约为 42600 百万桶[1]。白云岩油气田主要发育在大地构造的缝合带边盆地，其类型主要为前陆盆地。国内目前发现的三个海相大型油气田中，就有两个是白云岩气田：靖边气田和普光气田。

普光气田位于四川省达州市宣汉县普光镇，其开采面积超过 1000 平方公里，是中国目前发现的最大规模海相整装高含硫气田，属特大型气藏，其赋存围岩就是礁滩相的白云岩。

——————————
[1] 引自《世界白云岩油气田勘探综述》，马峰，2011 年。

▼高产能的普光气田 #

一条鱼的使命——胜利河油页岩

在羌塘盆地中部的胜利河地区，有一种特殊的岩石，我们称之为油页岩。油页岩是一种具有潜在经济价值的、富含有机质的沉积岩，它也是石油形成的物质基础之一。油页岩大部分形成于湖泊、沼泽和海洋环境中。在胜利河油页岩中，我们发现了许多生物化石，包括带壳的无脊椎动物和藻类，还有一些植物化石和孢粉化石。更令人惊喜的是，我们还发现了鱼类化石。那么，究竟这些动物化石是怎么形成的呢？它与油页岩的形成有什么联系呢？

原来，在一亿多年前，西藏羌塘地区是一个残留的海湾，这里有丰富的生物，包括双壳、腕足、鱼类和各种藻类。由于地质运动造成海底抬升，海湾逐渐封闭，滞流的海水也逐渐出现了分层。上层海水富含氧气，有利于浮游生物的繁殖和生长，并造成某些藻类的大量繁殖；而下层海水为显著的缺氧环境，特别是底层海水高度缺氧，使得生物大量死亡。同时，海湾这样较为封闭的环境中海水较为平静，在缺氧

▲ 黑色油页岩中的鱼化石 (供图/王东)

的环境下，这些大量死亡的海洋生物得以在海底快速堆积，并完整地保存下来，最终在沉积物固结过程中形成完整的生物化石。

这些保存下来的生物，为石油和天然气的形成，提供了丰富的有机质，它们是形成石油和天然气的物质基础。

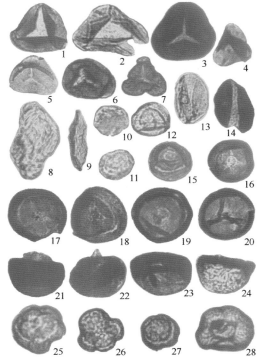

▲ 放大 1000 倍的孢粉化石（供图 / 曾胜强）

▼ 油页岩中的双壳类化石（供图 / 曾胜强）

🔲 地学知识链接

石油是怎样形成的?

普遍的学者认为石油是生物成因。在漫长的地质历史过程中,海洋或湖泊中大量的生物(如藻类等)死亡后,构成其身体的有机物质不断分解,与泥沙或碳酸质沉淀物等物质混合组成沉积层。由于沉积物不断地堆积加厚,导致温度和压力上升,随着这种过程的不断进行,沉积层变为沉积岩,进而形成沉积盆地,这就为石油的生成提供了基本的地质环境。

油页岩是一种常见的生油岩,富含有机质,是石油形成良好的生油地层。当温度和压力达到一定程度后,沉积物中的有机质会转化为碳氢化合物分子,因压力作用、毛细管作用、扩散作用等,使之转移到有空隙(多孔岩石)的储油气层中,遇到某种遮挡物(致密岩石),使其不能继续向前运动,在储层的局部地区聚集起来,形成油气圈闭,最终形成石油和天然气。

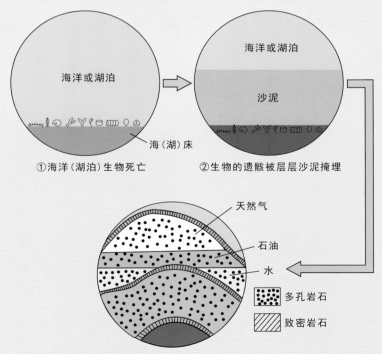

①海洋(湖泊)生物死亡　②生物的遗骸被层层沙泥掩埋

③生物的遗骸经复杂变化形成石油和天然气

▲石油的形成过程(绘图/曾胜强,修改自网络)

📖 **地学知识链接**

远古生物的"涅槃"

恐龙早在 6500 万年前就从地球上销声匿迹了，那么电影《侏罗纪公园》里凶恶又可爱、暴躁又温顺的恐龙原型取自哪里呢？如此庞大的地球统治者如何在一夜之间人间蒸发？不管何种原因导致恐龙灭绝，现在的我们仍然有幸通过化石一窥千万年前地球统治者的雄姿。

埋在地下的动植物遗体在缺氧环境下，经历漫长的地质年代最后石化成像石头一样东西，这就是化石。大到恐龙，小到蜘蛛、细菌；从身体遗骸到粪便、脚印都可以完整地保存在石头上，只要被迅速埋藏后，不再被破坏，一直处于缺氧环境下保存，经过足够的时间洗礼，我们就能看见完整的远古生物的样子了。

故事发生在远古时代，现代的我们只看到了结局，你是不是也为化石中的生物感叹生命的奇迹呢？

▲龙化石（供图/任静）

▲羌塘盆地索布查温泉河（供图／孙伟）

🏛 | 热情的心——索布查温泉河

索布查温泉河为我国海拔最高、最大的温泉河。其源头海拔 4740 米，泉水翻滚、规模壮观，据说水量最大时，可见一米多高的水柱，泉水沿沟谷下泄，流出百余米后水还是温热的。流量约 36000 升／小时，天然热流量为 1925 卡／秒，规模较大，水温50℃。河谷两侧的钙华突兀陡峭，雾气弥漫，虚无缥缈，若隐若现，景色别致。

羌塘盆地的地热资源十分丰富，地表发育了许多大大小小的温泉，比如多玛温泉、红水河温泉以及一些未命名的温泉。这些温泉就像是羌塘盆地对当地人民的一颗火热的心，也是当地藏民的一种宝贵财富，他们甚至在温泉的周围围上了经幡，以此来感谢上天的护佑。

◀温泉河喷涌的泉水
（供图 / 孙伟）

温泉河如何形成的？

羌塘盆地的东南角有一系列湖泊呈雁行式排列，湖泊底部隐伏有北东向断层呈左行平移，产生了一系列南北向拉张性质断层，往往沿着这些断层在湖泊边有热泉出露，因为断层为温泉水提供了运移通道。

温泉水的形成是大气降水渗入地壳断层深处，通过断裂带与深部岩浆热源沟通形成高温地下水，高温地下水通过断裂带运移到浅部，其间要经过成百上千年的漫长过程，最终在地表切割低洼地面并露出，形成温泉水。

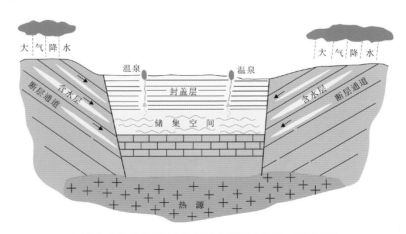

▲索布查温泉河成因模式图（供图 / 孙伟、王忠伟）

◎地学科普延伸

西藏羊八井地热田

地热田，简单地说就是可采集、可开发的地热流体区域。可开发地热电站、地热温泉等形式。羊八井热田位于拉萨市西北90公里的羊八井区西侧，海拔4200～4500米，居羊八井盆地中部。

水热爆炸是羊八井热田的典型地热现象之一，不同于火山活动中的水汽爆炸，它是一种十分独特的水热活动，活动强度猛烈乃至采取爆炸的形式，只有浅部存在过热的地下热水或蒸汽以及超压现象，才有可能导致这种异常高压水热爆炸活动。

羊八井热水湖位于地热田北东端，面积约7350平方米，水深16.1米。泄水口在湖区正南，通过400多米的渠道注入藏布曲河。湖底涌水区温度47.5℃，湖面水温变化为45～59℃，其昼夜间温差的变化幅度为2℃，而且温度变化和流量变化之间有反向关系。

羊八井热田水汽爆炸现象[#]▶

▲羊八井热水湖[#]

第三篇

神秘的羌塘高原 | The Fantastic Qiangtang Plateau

地质人的青藏精神

生命禁区的地质人

羌塘盆地油气地质调查研究团队始于 20 世纪 90 年代，二十多年来，团队一直坚持奋战在高寒缺氧的羌塘盆地，只为实现羌塘盆地的石油梦。

"艰苦奋斗、刻苦钻研、团结协作、无私奉献"的"青藏精神"，是地质人始终坚持与弘扬的优良传统，而青藏油气团队则是这支队伍中"青藏精神"的典型代表。

青藏油气团队在青藏高原生命禁区开展油气资源调查研究工作中，创造了一个又一个的奇迹，真正形成了一支特别能吃苦、特别能奉献、特别能钻研的优秀团队，为我国西部新区油气资源战略选区调查研究，做出了重要的贡献。

羌塘谁说春未到，我到羌塘便是春。

▲ 2005 年青藏油气研究团队部分人员合影（供图／杨哲超）

▲ 2010 年部分团队人员在拉萨合影（供图 / 杨哲超）

▼ 2015 年部分团队人员野外工作合影（供图 / 王剑）

格物致知，其乐无穷

　　在藏北无人区开展油气资源战略调查研究，首先会遇到常人难以想象的困难与危险，这里平均海拔 5000 米以上，大部分地区为无人区，被人们称为"人类生存的禁区"；这里自然条件极其恶劣，高寒缺氧，行走困难，让人气喘胸闷，夜晚常常无法入睡；这里泥沼广衍，溪流纵横交错，湖泊星罗棋布，交通条件极差。陷车后的挖车、搬迁等缺氧条件下的重体力劳动，是研究人员的经常性工作，而露宿荒野当"山大王"则是常遇的事情。

▲雨雪天赶路（供图／杜佰伟）

▲雨后彩虹（供图／王忠伟）

▼露宿风雪夜（供图／孙伟）

露　宿

若许经年苦，未酬身亦伤。
如今谁识我，心迹在羌塘。

天 路 行

朝辞逻些北，暮至色林东。
天落平湖底，云游碧水中。
羌塘路迢递，慧海法宽通。
今夜一樽酒，三番醉月空。

爬山涉水的乐趣

　　一边是美丽的雪山，一边是赶路的辛酸，每一次涉水过河都有陷车的危险，每一次营地搬迁都是对缺氧的战斗，陷车就挖车，没有什么能阻挡我们前进的步伐。（供图／孙伟）

◀牵引车陷于泥沼中
（供图／冯兴雷）

在这里长期工作的项目人员，往往都会留下许多后遗症，甚至留下终身病痛。二十余年来，青藏油气团队研究成员几乎每年都要参加1～2次野外工作，往往一干就是3～5个月；二十余年来，项目组遭遇了无数的困境与危险；每一次经历，都感人泪下，可歌可泣。

▲ 峭壁上探索（供图／冯兴雷）

▲ 救援当地牧民（供图／王东）

崎岖坎坷的羌塘路

    羌塘高原深处的道路多为普通的泥石路，雨季来临的时候，猛烈的雨水常常将完整的道路冲刷得残缺不堪，甚至阻断了过往车辆的道路。（供图／王东）

蝶恋花·羌塘梦

常记羌塘归日暮。布帐风餐，被酒悠闲度。洗尽蟾华人未寐，远山吹落星无数。哀感中年谁暗妒。若许经年，消得平常路。我欲昆仑还信步，梦如昨日心如故。（供图／王剑）

▲▼工作中的陷车与挖车（供图 / 王东、杜佰伟）

石油人

云浮碧水雾春岑，醉饮羌塘万里芬。
半岛湖边登铁塔，长龙山下话诗魂。
湖光熠熠千层浪，芽色青青百草春。
谁向天涯图大业，丹心一片石油人。

野外地质工作的一天

最忙碌的时刻——完成任务

　　羌塘盆地的天气难以揣摩，明明刚才还是大晴天，转眼间就是大雪纷飞。图为青藏油气项目组在野外采样。（供图／王东）

最惆怅的时刻——遇到陷车

在羌塘盆地进行野外地质调查工作，随时可能面临陷车的危险。图为青藏油气项目组在野外发生陷车。（供图／王东）

最美丽的时刻——收工回营

在完成一天的野外工作之后，身心疲惫，回营之心急切，往往无暇顾及身边的任何一处美景，只想在帐篷里美美地睡一觉。（供图／杜佰伟）

鹧鸪天·回营

骤雨黄昏傍晚收，寒光细细写天愁。
归来草地团团坐，遣去樽前淡淡忧。
咸干菜，二锅头，当星对月饮风流。
曹营不再思蜀汉，人到羌塘好自由。

梦回羌塘

功成岂独论亏盈，不负羌塘众弟兄。

未必雪泥留指爪，鸿飞那为计沾名。

C| 结束语
Concluding remarks

羌塘高原，一片神奇而荒芜的大地。她是一幅由雪山、湖泊、荒漠和草甸组成的美丽画卷，她也是藏羚羊、野牦牛等珍稀野生动物栖息的天堂，她更是一片高寒缺氧、暴风雪肆掠、不适宜人类居住的生命禁区。然而，这里却有一群勇于奉献的地质人，他们从天南地北来到这个高寒缺氧的羌塘高原，却只是为了祖国的地质事业、油气事业默默奉献自己的青春，他们是谱写和传承了一代又一代"青藏精神"的地质人。

谨以此书，献给曾经在羌塘高原为祖国的地质事业和油气事业奉献过的地质人，寄望来者在这片神奇的土地上开拓创新、勇攀高峰。